AF542665

CATALOGUE

D'UNE BELLE COLLECTION

D'ESTAMPES

EN FEUILLES ET ENCADRÉES, D'APRÈS RUBBENS, VANDYCK, REMBRANDT ET AUTRES CÉLÈBRES MAITRES, AINSI QUE D'UNE GRANDE COLLECTION DE PORTRAITS GRAVÉS PAR HOUBRAKEN, etc.

Dont la vente aura lieu le Lundi 23 Octobre 1820 : et jours suivans, respectivement à dix heures du matin, à la salle de ventes publiques, dite la Louve, grand'place, à Bruxelles.

SOUS LA DIRECTION

DE J.-B. COLLAERT, LIBRAIRE,

Courte rue de l'Ecuyer, sect. 7, n: 134, chez qui on peut se procurer ledit catalogue, ainsi que chez l'Huissier STIENON, rue de la Violette, sect. 8, n.° 1361.

BRUXELLES,

IMPRIMERIE DE DEMANET, RUE DES BOGARDS.

1820

CONDITION DE LA VENTE.

La vente se fera en monnaie décimale, au comptant et sans frais pour les acquéreurs, qui seront tenus de dire leurs noms et domiciles.

CATALOGUE
D'ESTAMPES.

Un porte-feuille Litt. A, contenant :

1 Deux estampes, d'après Rubbeus.
2 Le jardin d'amour, d'après le même, gravé par Lempereur.
3 Cinq estampes, d'après Rubbens.
4 La descente de la croix, d'après le même, par Meyssens.
5 St.-Christophe et trois autres estampes, d'après le même.
6 Un Christ, gravé par Bolswert, d'après le même.
7 Trois estampes, d'après le même.
8 Melchisedech rex Salem, proferens panem et vinum, d'après le même.
9 Diane épiée par des satyres, gravé par Soulman, d'après le même.
10 L'érection de la croix, d'après le même, en 3 feuilles.
11 La chaste Susanne, gravée par Pontius, d'après le même.
12 Le jugement de Salomon, gravé par Bolswert, d'après le même.
13 Rubbens and his wife printed by Rubbens et Snyders, engraved by J. Summerfield.
14 Quadro di Pietro Paulo Rubbens C. Hutin Delin C.-F. Bocée Sculps.
15 François De Medicis, peint par Rubbens, et gravé par Edelink.
16 Casperius Gevartius, gravé par P. Pontius, d'après Rubbens.

17 Supericus Jgnatius de Loyola, gravé par Marin d'après le même.
18 Six estampes, gravées par Bolswert, d'après le mê
19 Deux estampes, d'après Rubbens.
20 Trois dito.
21 4 paysages, d'après le même.
22 4 dito.
23 4 dito.
24 3 dito, d'après le même, gravés par Gilles Hendrix
25 4 estampes, d'après Rubbens,
26 La Ste. Famille, d'après le même, gravé par J. Weldoeck.
27 Esther, d'après le même, gravé par Van den Wyngaerde.
28 Le portrait de Charles de Longueval, d'après Rubbens, gravé par Vorsterman.
29 Les trois grâces, d'après le même, gravé par de Jode
30 Ste.-Begga et Pipinus I, d'après le même, gravé par Van den Wyngaerden.
31 Alliance de l'eau avec la terre, d'après le même, gravé par Vangelisti.
32 Isabella Clara Eugenia, gravé par Pontius, d'après le même.
33 La nativité de N.-S., d'après le même, gravé par Vorsterman et une autre estampe.
34 L'adoration des mages, d'après le même, gravé par Vorsterman et une autre.
35 La Sainte-Vierge, d'après Rubbens, gravé par Corn. Galle.
36 Le jugement de Pâris, d'après le même et une autre.
37 L'enfant Jésus au berceau, d'après le même, gravé par Vorsterman et une autre.
38 Quatre estampes, d'après le même.
39 3 dito.
40 6 dito.
41 Justus puer, d'après le même, gravé par J. Wildoeck.
42 La sainte famille, par le même.
43 Le mariage de la vierge, d'après le même, gravé par G. Hendricx.

44 La Ste Vierge et l'enfant Jésus, d'après le même ; gravé par S. A. Bolswert.
45 La Sainte Vierge et l'enfant Jésus, d'après le même, et deux autres.
46 Salutatio B. M. Virginis, d'après le même, gravé par P. De Jode.
47 Silène, d'après le même, gravé par Bolswert et une autre.
48 Deux portraits, d'après Rubbens et un gravé par Sandrart.

Un Porte-Feuille Litt. B, contenant:

1 10 Portraits, d'après Vandyck.
2 1 Portrait, d'après le même, gravé en manière noir par J. M. Ardell.
3 1 Dito, d'après le même, gravé par Hollar, imprimé sur papier de soie.
4 5 Dito, d'après le même, gravés par L. Vasterman.
5 3 Dito, d'après le même. gravés par P. Dejode.
6 2 Dito, d'après le même, gravés par P. Pontius.
7 3 Dito, d'après le même, gravés par R. Van Vorst.
8 4 Dito gravés à l'eau forte par Ant. Vandyck.
9 6 Dito, d'après le même.
10 5 Dito, d'après le même.
11 12 Dito, d'après le même.
12 12 Dito, d'après le même.
13 12 Dito, d'après le même.
14 12 Dito, d'après le même.
15 12 Dito, d'après le même.
16 12 Dito, d'après le meme.
17 10 Dito, d'après le même.
18 5 Dito, d'après le même, gravés par P. Pontius et Dejode.
19 6 Dito, d'après le même, gravés par P. Lombart.
20 5 Dito, d'après le même, gravépar le même.
21 6 Dito, d'après le même.

22 George duke of Buckingham, with his brother, gravé en manière noire, d'après Vandyck, par J. Ardeel.
23 4 portraits, d'après Vandyck.
24 Rubbens et Vandyck, gravé par P. Pontius.
25 S. Paulus, gravé en manière noire, d'après Vandyck, par A. Blotelingh.
26 St.-Paul, gravé en manière noire, d'après Vandyck, par J. Faber.
27 St. Peter, d'après Spagnolet, gravé en manière noire par J. Ardell.
28 S. Petrus, gravé en manière noire, d'après Moreels, par A. Blotelingh et un autre.

Uu porte-feuille Litt. C, contenant:

1 20 Portraits gravés par J. J. Haid.
2 13 Dito, par le même.
3 13 Dito.
4 22 Dito, par P Giffart.
5 2 Dito, par J. Folkema.
6 4 Dito, par J. Gole.
7 8 Dito, par différens maîtres.
8 29 Dito. dito.
9 12 Dito. dito.
10 10 Dito. dito.
11 8 Dito. dito.
12 6 Dito. dito.
13 8 Dito, par Van Gunst et autres.
14 12 Dito. dito.
15 17 Dito, par différens maîtres.
16 14 Dito. dito.
17 10 Dito. dito.
18 6 Dito, par Van Gunst.
19 4 Dito, par J. De Visscher et autres.
20 6 Dito, par différens maîtres.
21 3 Dito, par R. Van Keles.
22 14 Dito, par différens maîtres.

23 6 Dito, par différens maîtres.
24 8 Dito. dito.
25 6 Dito. dito.
26 26 Dito. dito.
27 49 Dito. dito.
28 16 Dito. dito.
29 6 Dito. dito.
30 17 Dito. dito.
31 18 Dito. dito.
32 52 Dito. dito.
33 16 Dito. dito.
34 50 Dito. dito.
35 26 Dito. dito.

Un porte-feuille Litt. D, contenant :

3 Portraits par différens maîtres.
2 1 Dito, d'après J. Palthe, manière noire.
3 1 Dito de la Reine Mathilde de Danemarc, manière noire.
4 Mr. Arabella Hunt, gravé par J. Smeth, d'après G. Kneller.
5 1 Portrait, manière noire.
6 14 Portraits, par différens maîtres.
7 4 Dito. dito.
8 4 Dito. dito.
9 6 Dito. dito.
10 8 Dito. dito.
11 6 Dito. dito.
12 4 Dito. dito.
13 6 Dito. dito.
14 6 Dito. dito.
15 8 Dito. dito.
16 5 Dito. dito.
17 4 Dito. dito.
18 14 Dito. dito.
19 12 Dito. dito.
20 12 Dito. dito.

21 12 Dito, Portraits par différens maîtres.
22 12 Dito. dito.
23 4 Dito. dito.
24 17 Dito. dito.

Un Porte-feuille Litt. E, contenant:

1 15 Portraits, par différens maîtres.
2 6 Dito, gravé par Schenck.
3 6 Dito, par le même.
4 6 Dito, par le même.
5 12 Dito, par le même.
6 4 Dito, par le même.
7 8 Dito, par le même.
8 6 Dito, par le même.
9 6 Dito, par le même.
10 2 Dito de Josias Van de Kapelle, par Van der Wilt et Verkolje.
11 24 Portraits, par différens maîtres.
12 8 Dito, d'après Houbruken, Van Muris et autres.
13 3 Dito, d'après Vandyck, gravés par P. Tanjé,
14 24 Portraits par différens maîtres.
15 4 Dito, d'après F. Sadeler.
16 4 Dito, d'après Demoor et autres, gravés par Tanjé.
17 6 Dito, d'après le même, gravés par Tanjé.
18 6 Dito, d'après H. J. Serin et Sanders, gravés par le même.
19 6 Dito, d'après B. Akkema Sanders, etc. gravés par le même.
20 5 Dito, d'après Quinkhard, gravés par le même.
21 6 Dito, d'après Sanders et autres, par Tanjé.
22 6 Dito, d'après Quinkhard, par Tanjé.
23 11 Dito, par P. J. Pfeiffer.
24 4 Dito, d'après Quinkhard, par P. Tanjé.
25 Le portrait de Carlo Tessarini de Rimini, gravé en manière noire par W. Pether, d'après J. Palthe
26 6 Portrait, par différens maîtres.

Un porte-feuille litt. F *, contenant :*

1 5 paysages, par différens maîtres.
2 6 marines, gravées par Gouaz et Bendorp.
3 Le blanchisseuse et son pendant, gravé par Cochin
4 Annette et Lubin et son pendant, gravé par Ponce et deux autres estampes.
5 La paresseuse, par Moitte et une autre.
9 5 estampes, d'après Magiotto.
7 Gunhilda, grave par Bavinet et une autre.
8 2 estampes en couleur.
9 6 dito.
10 Une sainte famille et 5 autres.
11 De roomsche kerke et une autres.
12 Guillaume Tell et une autre.
13 Les jetteurs de filets, d'après Vernet et une autre.
14 12 Estampes, par différens maîtres.
15 21 dito, dito.
16 43 dito, dito.
17 12 dito, dito.
18 11 dito, dito.
19 12 vues de France et autres, par différens maîtres
20 6 estampes dito.
21 12 dito, dito.

Un porte-feuille litt. G *, contenant :*

1 18 estampes, par différens maîtres.
2 24 dito, dito.
3 18 dito, dito.
4 6 dito, dito.
5 25 dito, dito.
6 24 dito, dito.
7 5 dito, dito
8 24 dito, dito.
9 24 dito, dito.
10 20 dito, dito.
11 20 dito, dito.

12 34 dito, par différens maîtres.
13 10 dito, dito.
14 18 dito, dito.
15 14 dito. dito.
16 17 dito, dito.
17 69 petites estampes, sujets historiques, par différens maîtres.
18 18 estampes, sujets d'Ovide, Virgile, etc., grav. par Janssens.
19 19 dito, de la vie de St.-Thomas d'Aquin.
20 14 dito, par différens maîtres.
21 13 dito, dito.

Un porte-feuille litt. H, contenant :

1 Six vues d'Amsterdam, grav. par Brouwer.
2 90 estampes, par différens maîtres.
3 38 dito, dito.
4 28 dito, dito.
5 7 dito, dito.
6 8 dito, dito.
7 60 dito, dito.
8 12 dito, dito.
9 4 dito, dito.
10 La mort de Louis XVI, en 4 estampes.
11 16 dessins.
12 130 dito.
13 Un dito et deux estampes.

Un porte-feuille litt. I, contenant :

1 40 portraits de papes, évêques, etc., par diff. maît.
2 26 dito, dito.
3 50 dito, dito.
4 14 dito, dito.
5 24 dito, dito.
6 24 dito, dito.
7 31 portraits, d'après Bloemaert.

8 33 portraits de jésuites, par différens maîtres.
9 10 dito, dito.
10 6 dito, dito.
11 12 dito, dito.
12 4 dito, dito.
13 20 dito, dito.

Un porte-feuille litt. K, contenant :

1 6 portraits, gravés par J. Houbraken.
2 6 dito.
3 6 dito.
4 6 dito.
5 6 dito.
6 6 dito.
7 6 dito.
8 6 dito.
9 6 dito.
10 6 dito.
11 6 dito.
12 5 dito.
13 Albertus Seba, peint par Quinkhard et gravé par Houbraken.
14 12 portraits, gravés par Houbraken.
15 12 dito.
16 4 dito.
17 12 dito.
18 12 dito.
19 12 dito.
20 4 dito.

Un porte-feuille litt. L, contenant :

1 Le bourguemestre Six, d'Amsterdam, par Rembrant.
2 Le père de Rembrant, peint par Rembrant, gravé par Serugue, fils.

3 3 estampes de Rembrant.
4 3 dito, d'après Vandyck, gravées par Pontius et autres.
5 2 estampes, d'après Vandyck, gravées par A. Van Dupenbeke.
6 Le couronnement d'épines, d'après Vandyck, par Boetius Bolswert, gravé par Van Den Enden.
7 Trois estampes, d'après Vandyck.
8 Armide et Redaldres, d'après Vandyck, gravé par De Jode.
9 L'érection de la croix, d'après Vandyck, gravé par Bolswert.
10 4 estampes, d'après le même.
11 2 dito, dito.
11 2 dito, dito.
13 1 dito, dito.
14 7 dito, dito.
15 St.-Augustinus, Ant. Vandyck inv. P. De Jode sculps. A. Bonenfant excud.
16 Le cabartier des chasseurs, d'après Wouwermans, gravé par Boece et une autre.
17 Garde avancée de Hulans, d'après Wouwerman.
18 Ancien port de Gènes, gravé d'après Berghem, par Aliamet.
19 Retour du village et une autre, d'après Berghem.
20 Le fou de carnaval, gravé d'après le dessin original d'Abrah. Bloemaert, par J. Aubert.
21 3 estampes, d'après Bloemaert, Annibal carraci, et testa.
22 B Franciscus senensis, Abr. A. Dupenbeke delincavit Coenr. Lauwers Sculps.
23 La Ste.-Cène, d'après Van Diepenbeke et une autre.
24 Les vaches à lait hollandaises et son pendant, par P. G. Van Os.
25 Peace, H. Slington pinxit J. Whesell sculpsit.

26 La mort du chevalier d'Assas, dessinée par Cassanova et gravée par P. Laurant.
27 L'annonciation de la Ste vierge.
28 M. Garrick and Mrs Cibbers in the characters of jaffier and Belvidere, gravé par Ardell d'après Zoffang
29 La folie, d'après C. Devisscher, par P. Aveline.
30 Deux estampes, gravés par P. Aquila.
31 The exhalted soul, gravé par F. Baroiozzi.
32 Un intérieur inventé et gravé par Corn. Visscher.
33 Le chasseur fortuné et trois autres estampes.
34 L'adoration des mages, d'après Annibal Carache, gravé par Sadiler et deux autres.
35 Judith tenant la tète d'holopherius, peint par Georgion, gravé par Mavier et une autre estampe.
36 Quatre vue du Rhin, grav. par Ch. de Mechel.
37 Un vieillard taillant une plume, grav. par le même
38 A Master of arts, Miller pinxit, L. Schiavonette sculp. et une autre estampe.
39 Le chanteur gothique, grav. par F. Ba[illegible].
40 8 études de vaches, d'après P. Potter, grav. par A. Blooteling.
41 6 estampes, grav. par C. Cort.
42 2 dito, grav. par le même, d'après Hier. Muciani.
43 2 dito, grav. par Cort.
44 Triomphe de Bacchus et d'Ariane, peint par Poussin et cinq autres.
45 Un combat de cavaliers, d'après J. Courtois, grav. par Bertaux et Lienard et une autre.
46 Les quatre saisons, d'après G. Lairesse.
47 La descente de la croix, grav. par Alex. Loir, d'après Jouvenet.
48 Une estampe, du même.
49 La magdeleine. grav. par Edelink, d'après Lebrun.
50 La servante congédiée et trois autres.
51 Lottery van groottenbrock. Dusert inv. J. Gole excud.

52 Adam et Eve, peint par Coypel, grav. par Drevet.
53 Le festin espagnol, peint par Palamedes, grav. par L. Lempereur.

Un porte-feuille litt. M, contenant :

1 25 portraits, par différens maîtres.
2 16 dito, dito.
3 16 dito, dito.
4 16 dito, dito.
5 8 dito, dito.
6 10 dito, dito.
7 8 dito, dito.
8 10 dito, dito.
9 24 dito, dito.
10 12 dito, dito.
11 14 dito, dito.
12 12 dito, dito.
13 12 dito, dito.
14 9 dito, dito.
15 10 dito, dito.
16 6 dito, dito.
17 6 dito, dito.
18 6 dito, dito.
19 10 dito, dito.
20 10 dito, dito.
21 12 dito, dito.
22 18 dito, dito.
23 12 dito, dito.
24 14 dito, dito.
25 6 dito, dito.
26 6 dito, dito.
27 3 dito, dito.
28 4 dito, dito.
29 6 dito, gravés par Vermeulen.
30 2 dito des généraux Pichegru et Beurnonville, gravés par Coqueret.
31 La femme de Franç. Mieriet, peint par Fr. Mieris, gravé par J. S. Klauber.

32 2 portraits, gravés par Edelinck et Bernaerts.
33 1 dito, gravé par Edelinck.
34 2 dito, gravés par J. M. Ardell.
35 2 dito, par le même.
36 4 dito, par Endlich.

Un porte-feuille Litt. N, contenant:

125 portraits, par différens maîtres.

Un porte-feuille Litt. O, contenant :

125 estampes.

Un porte-feuille Litt. P, contenant :

132 portraits, personnages qui ont figuré pendant la révolution française.

Un porte-feuille Litt. Q, contenant :

Environ 150 cartes géographiques.

Un porte-feuille Litt. R, contenant :

1 25 cartes géographiques.
2 32 dito.
3 39 dito.
4 33 dito.
5 39 dito.
6 15 dito.
7 59 dito.
8 Tableau généalogique et chronologique de la maison royale de France, par Clabault, en 8 feuilles.
9 20 cartes généalogiques héraldiques, etc.

Un porte-feuille Litt. S, contenant :

1 Tables chronologiques de l'histoire universelle, par Mr. l'abbé l'Englet du Fresnois.
2 Généalogie des deux rois et princes de l'antiquité, par M. Maillard d'Orevelle. Paris 1789, en 11 feuille.
3 27 cartes généalogiques, héraldiques, etc.

Estampes en Rouleaux.

1 10 estampes, par différens maîtres.
2 Le chirurgien de campagne et son pendant, d'après Teniers.
3 4 estampes, par différens maîtres.
4 6 dito, dito.
5 3 dito, dito.
6 Death on a pale horse, d'après Mortimer, par Haynes et son pendant.
6 4 portraits, gravés en manière noire.
8 3 estampes, par différens maîtres.
9 18 portraits, dito.
10 3 estampes, dito.
11 8 dito, dito.
12 5 dito, dito.
13 1 dito.
14 2 dito, en couleur.

Cartes géographiques en Rouleaux.

1 Les provinces confédérées du Pays-Bas, avec les terres adjacentes, par Covens et Mortier, collé sur toile dans un étui.
2 10 cartes géographiques, colléessur toile dans 2 étuis.
3 Deux étuis contenant : le carte de Bohême, Silesie, etc., collées sur toile.
4 Deux cartes géographiques, collées sur toile.
5 Le duché de Luxembourg, divisé en quartier Walon et Allemand, par Hubert Jaillot. 1781, collé sur toile.

6 8 cartes géographiques, collées sur toile.
7 Les 4 parties du monde, collées sur toile sur des roul.

Livres d'Estampes.

1 Un volume contenant 165 belles estampes, d'après différens maîtres.

2 Historia utriusque belli dacici a trajano Cæsare gesti ex simulachris quæ in columna ejusdem romæ visuntur collecta 1638, in-folio.

3 Portraits des hommes et des femmes illustres par leur naissance, leur vertu et leurs talens, gravés par les meilleurs artistes, 1792, in-folio.

4 Galeria depinta nel palazzo del principe Panfilio da Pietro Berrettini da Cortona intagleata da Carlo Cesio vero originale in roma, in-folio.

5 Desegni della guerra assidio et assalti dati dall'armata turchesca all'isola di malta l'anno 1565, dipinti da Matteo Perez d'aleccio et hora intagliati da Ant. Fr. Lucini. In Bologna 1631 et autres estampes dans le même vol. in-folio.

6 Vera et accurata delineatio tam residentiæ et secessuum cæsareorum quam variorum ad principes et comites spectantium vel aliorum palatiorum et prospectuum qui, partim in cæsarea sede vienna partim in adjacentibus suburbibus oculis occurrunt designata per salomonem kleiner excusa a Joan And. Pfeffel August. Vind. 1725, in-fol. oblongo.

7 Un volume contenant un grand nombre d'estampes, portraits, etc., d'après K. Mandere, Visscher et autres, in-folio.

8 Il nuovo teatro delle fabriche et edificii in prospettiva di roma moderna, date in luce da Gio Jacomo Rossi 4 part. 1 vol. in-fol. obl.

9 Batailles gagnées par le prince Eugène de Savoye, sur les ennemis de la foi, dépeintes et gravées par le Sr. Jean Huchtenburg, avec des explications historiques, par Mr. J. Du Mont. La Haye 1729.

10 Les principaux palais, églises, édifices, etc., de la Suède antique et moderne, in-fol. obl.
11 Un volume contenant 136 portraits, d'après différens maîtres, in-fol.
12 SS. Apostolorum icones a P.-P. Rubenio delineatæ a Corn. Gallé evulgatæ. Antverpiæ in-fol. cart.
13 Illustrium galliæ belgicœ scriptorum ciones et elogia a Th. Galle. Antv. 1608, in-fol.
14 Un volume contenant 50 portraits, in-fol.
15 Delineatio montis a metropoli basso cassellana uno circiter milliari distantis opera J. F. Guernerii cassillis 1706, in-fol. bas.
16 Imagines XLI virorum celebriorum in politicis historicis, etc. Leide.
17 Le plat-fonds ou tableaux des galleries de l'église des RR PP. Jésuites d'Anvers, peints par P.-P. Rubbens, dessinés par Jacob Dewit et gravés par Jean Punt. Amst. 1751, in-fol. obl.
18 Introitus Ferdinandi in urbem Gandavum. Antv. 1636, iu-folio cart.
19 Ruinarum varii prospectus ruriumque aliquot delineationes, per Phil. Galle in-quarto obl. cart.
20 Un volume in-4°. contenant 50 vues de villes, fortresses, etc.
21 Mascarade turcque donnée à Rome, par le pensionnaire de l'académie de France, l'année 1748, par J. Vien, peintre, in-4°.
22 Théâtre des martyrs représenté en tailles douces, par le celèbre Jean Luiken, 1738, in-4°. obl. cart.
23 Un volume in-4°. contenant 85 portraits de peintres
24 Vestiges des antiquités de Rome, Tivoli, Pozzuolo et autres lieux d'Italie, levés, dessinés et gravés par Egide Sadeler, in-4°.
25 Livre des paysages de Callot, in-4°.
26 Sylva Eremitarum gravé par Adrian Collaert, in-4 obl
27 Un volume contenant 82 portraits de rois, empereurs, etc., in-4°.
28 Un volume contenant 246 estampes de la Bible, in-4°

29 Antiquæ urbis splendor opera et industria Jacobi Lauri romani in æs incisa. Romæ 1612, in-4°.
30 Un livre d'ornemens in-folio.
31 Un livre de dessin de Joseph Ribera, in-4°.
32 Variæ antiquitates romanæ sive ruinæ ad vivum delineatæ, per Guill. Van Nieulandt, C J. Visscher excudebat. 1618, in-4°. obl. vél.
33 De Christelycke Leeringhe verstaenelycker uyt geleyt, door eene beelden sprake, door P. J. G. Steegins. Antw. 1647, in-4°.
34 Armorial universel, par Segoing. Paris 1654, in-fol.
35 Livre de Blasons, in-folio.
36 Idem.
37 De printen van de Joodse oudheden.
38 Afbeelding van de zaal en 't praalbed van Z. D. H. Willem Karel Hendrik Friso, door J. Punt. Amst. 1752, in-folio.
39 Un atlas, in-fol. enlum.
40 J.-B. Homanni atlas novus, enlum.
41 J. Hubners bequemer schul atlas, in-fol. enlum.
42 Un volume de cartes géographiques, in-fol.
43 Les frontières de France et des Pays-Bas, par N. Defer
44 Collection de costumes de tous les ordres monastiques, supprimés à différentes époques dans la Belgique. Brux. Maillard. enlum.
45 Twelve views of places in the kingdom of mysore the country of tippoo sultan from drawings taken of the spot, by R. H. Colebrook. London. 1794.

Deux estampes sous glace, représentant N.-S. portant la croix et l'érection de la croix, d'après Rubbens.

Plusieurs tableaux; sept mains de papier à dessiner, dit *ruche*; plusieurs autres estampes et tableaux d'après différens maîtres.

FIN.

www.ingramcontent.com/pod-product-compliance
Lightning Source LLC
LaVergne TN
LVHW010015230826
846092LV00002B/832